图书在版编目（CIP）数据

贝乐虎儿童自救急救书.骨骼大危机 / 徐惜麦著；张敬敬绘. -- 北京 : 电子工业出版社, 2020.8
ISBN 978-7-121-39236-8

Ⅰ. ①贝⋯ Ⅱ. ①徐⋯ ②张⋯ Ⅲ. ①安全教育－儿童读物 Ⅳ. ①X956-49

中国版本图书馆CIP数据核字(2020)第129623号

责任编辑： 季　萌
印　　刷： 北京缤索印刷有限公司
装　　订： 北京缤索印刷有限公司
出版发行： 电子工业出版社
　　　　　北京市海淀区万寿路173信箱　邮编：100036
开　　本： 889×1194　1/24　印张：12　字数：199.98千字
版　　次： 2020年8月第1版
印　　次： 2022年7月第2次印刷
定　　价： 138.00元（全6册）

凡所购买电子工业出版社图书有缺损问题，请向购买书店调换。若书店售缺，请与本社发行部联系，联系及邮购电话： （010）88254888，88258888。
质量投诉请发邮件至zlts@phei.com.cn，盗版侵权举报请发邮件至dbqq@phei.com.cn。
本书咨询联系方式： （010）88254161转1860，jimeng@phei.com.cn。

小猛犸童书

贝乐虎 儿童自救急救书 SOS

骨骼大危机

扭伤 + 骨折

徐惜麦 著　张敬敬 绘

电子工业出版社
Publishing House of Electronics Industry
北京·BEIJING

闪亮登场

贝乐虎院长

米妮

大海

小猛犸

聪聪

抒抒

石头

诞妹

朱迪

美子

啾啾

唐唐

北北

葫芦

小猛犸领着米妮来到 VR 活动室，叮嘱道："我说的话都记住了吗？"

"记住了！玩完游戏把套装收好，把门锁上。放心吧！"米妮接过小猛犸手里的钥匙，兴奋地走进 VR 活动室，戴上了眼镜。

四周立刻安静下来，米妮眼前一亮，发现自己站在一间干净的诊室中，面前还站着一个男孩。

"你好！我叫大海！我们应该是随机组队的搭档。"男孩向米妮伸出了手。

"你好！我是米妮！"米妮也伸出了手，可是却没碰到大海的手。

两人都纳闷地低头看——米妮的手还垂在身体两侧。

皮肤衣？啊！忘穿了！米妮倒吸一口气，消失在大海面前。

资料

纱布

剪刀

听诊器

海医生

米医生

8

药品柜

不一会儿，米妮又出现了。她不好意思地伸出手来，和大海握了握手。

这时贝乐虎院长走了过来。

"海医生、米医生，你们好！这是你们值班的急诊室。你们会在接诊过程中学习和掌握医疗设备的使用方法。在尽力救治每一位患者的同时，别忘了患者的满意度决定着你们的排名哦。"

检查床

话音刚落，贝乐虎院长就消失了。

"滴！1号患者就诊，2号患者请准备。"电脑里突然传来了声音。

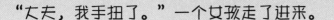

"大夫，我手扭了。"一个女孩走了进来。

"我看看！"米妮说着就拉起她的手。

"嘶——疼！轻点儿！"女孩皱起眉紧张地说。

米妮吓了一跳，她还以为游戏中的患者会面无表情，没有痛苦呢！

"疼得厉害吗？"米妮问。

女孩摇摇头，说："同学给我买了根冰棍敷在手上，现在我的手已经麻木了，如果不碰它，是不疼的。"

"怎么弄伤的？"大海走过来问。

"打篮球时碰到的！"女孩回答道。

"那你们做热身运动了吗？"大海饶有兴致地问。

女孩听了，不好意思地说："没有……我太着急了。"

"这怎么行！这么激烈的运动，如果不做热身运动，掌握基本要领，很容易弄伤自己。"

女孩听了，连忙点点头。

这时，电脑里的提示音又响起来了："2号患者请就诊。"

这么快?！米妮和大海紧张地对视了一下。

"你来处理她的手！我去接诊2号患者！"大海急忙回到自己的诊台坐好。他觉得女孩的伤不严重，米妮应该能处理好。

米妮不知所措地站在那里，紧张地盯着女孩的手。

诊断：

患者疼痛度低，
肿胀不明显，
应为食指软组织挫伤，
且就诊前已及时冰敷处理，未骨折。

处理方法：

固定伤处。

48 小时内持续冰敷。

之后视情况热敷、按摩、涂抹活血化瘀类药物。

　　"固定伤处……"米妮念着，找到医用小木板和绷带，小心翼翼地将女孩的食指缠了个严严实实。

　　"医生，用涂药吗？"

　　"暂时不用，48小时内都应该冰敷，然后再来复查，到时可能会涂药。"米妮把游戏提示念得很清楚。

　　"可是，手指包成这样，怎么冰敷？"女孩问。

米妮愣住了，有道理啊！她吐了吐舌头，连忙把纱布拆下来，露出女孩食指两侧的皮肤，又用两截胶布将木板和手指固定住。

这时，电脑屏幕亮了起来。

"1号患者最终满意度 80%……"米妮念着屏幕上的字，"我拉低了这么多分数，要不是海医生，我的满意度就不到 80% 了！"米妮感激地朝海医生那边看去。

滴！滴！滴！

1 号患者满意度 35%；
处理过程出现两次错误减 10%；
随意弯曲伤处，
包扎不符合下一步处置需求。
安抚患者情绪加 5%；
1 号患者最终满意度 80%。

另一旁，海医生正在帮助2号患者。"天啊！这是什么时候弄的？怎么弄的？"2号患者提起裤脚，只见小男孩的脚踝肿得像个大馒头，又红又亮。"我踩空了一阶台阶，脚背先着地……"小男孩努力地描述着，"昨天就崴了，爸爸当时帮我揉了好久，回家又用红花油搓了又搓。可今天更肿了。"小男孩说。

2号患者

大海和刚好走过来的米妮听了，无奈地对视了一下。"扭伤后第一件事就是冷敷，不能按摩伤处！你爸爸正好做反了！"米妮着急地脱口而出。

"就算没有冷敷条件，也可以把伤处举高。总之尽可能让血液不向伤处汇集。"大海补充道。

"那……做反了会怎么样？"小男孩紧张地问。

"肯定会影响你的康复时间。"大海说。

诊断：

伤处红肿严重，
皮下毛细血管充血较多，
应为软组织挫伤，
疑似筋膜断裂或骨折。

处理方法：

建议核磁排查。

2 号患者要去做核磁检查前，米妮从冰箱里取出两个冰袋，一左一右用纱布绑在男孩的脚踝两侧。米妮想着，抓紧时间冰敷一会儿，毕竟最佳处理时间——48 小时还没完全过去。

"滴！3号患者请就诊。"一位阿姨抱着一个小男孩走了进来。

"大夫，他昨天在商场摔倒，被人压了一下胳膊，回家后一直说疼。"妈妈说。

米妮问小男孩："小弟弟，你的胳膊怎么疼？疼了多久？"

"哎呀，他怎么说得清楚！"男孩的妈妈着急地打断米妮的问诊。

米妮看向男孩受伤的胳膊，那里要比没受伤的胳膊粗了一点儿。可是，游戏提示怎么还不出来？米妮求助地看向大海。

"你们别拖延时间了，赶紧给他看病啊！"阿姨着急地说道。

大海礼貌地说："阿姨，我们必须以患者自己描述的病情为准。"

"昨天我在商场摔倒了，胳膊被一位叔叔压了一下，当时就感觉特别疼。妈妈说可能是扭到了，养几天就好。可是我越来越疼，现在胳膊都抬不起来了。"男孩小心翼翼地说着。

"滴！"电脑提示终于出现了。

诊断：

疑似脱臼或骨折，
建议 X 光排查。

　　骨折？！米妮和大海
对视一眼，忙开出单子让
母子俩去做 X 光检查。

"不论到了哪家医院，也得以患者自己的描述为准。3号患者自己明明可以讲清楚！"大海说道。

"滴！2号、3号患者复诊。"

电脑提示音刚落，两个男孩和一位妈妈就一同走进了诊室。

当心电离辐射

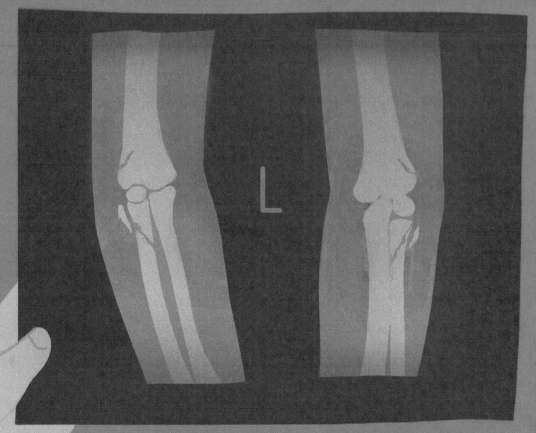

诊断：

轻微粉碎性骨折。

米妮看了检查结果，倒抽一口凉气，小心翼翼地跟 2 号患者说："你骨折了。"

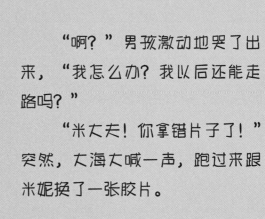

"啊？"男孩激动地哭了出来，"我怎么办？我以后还能走路吗？"

"米大夫！你拿错片子了！"突然，大海大喊一声，跑过来跟米妮换了一张胶片。

核磁共振影像　　　2号患者

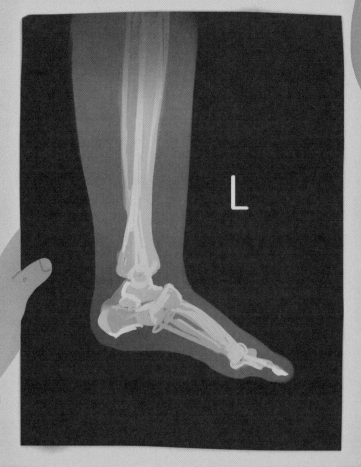

诊断：

软组织挫伤，
局部血管充血严重。

　　米妮这才发现，现在自己手里的片子才是2号患者的……她忙劝住小男孩，找到药膏，认真地在他的患处涂了厚厚一层，又用棉片和纱布把小男孩的脚踝包扎住。

　　"你最好卧床休息一周，下周这个时候记得来换药！"米妮叮嘱小男孩。

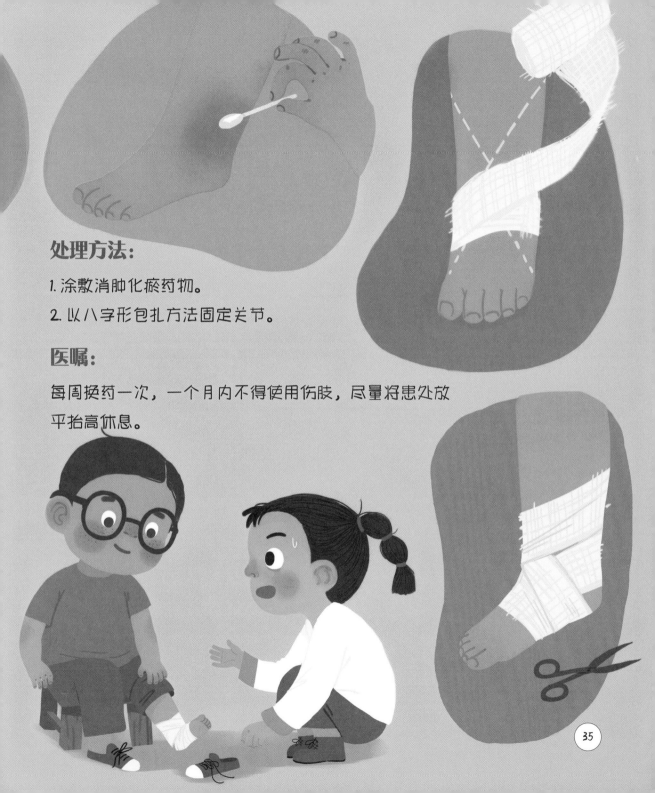

处理方法：

1. 涂敷消肿化瘀药物。
2. 以八字形包扎方法固定关节。

医嘱：

每周换药一次，一个月内不得使用伤肢，尽量将患处放平抬高休息。

这时，电脑上出现了米妮的满意度。"我看错了片子，都把他吓哭了，他还给我 85% 满意度……"米妮暗暗发誓，以后不能这么迷糊了。

　　另一边，大海拿到3号患者的X光片，他叹了口气，把3号患者肘关节轻微粉碎性骨折的诊断结果告诉了他们。

骨折初步处理方式：

选择一个伤者相对舒服的姿势将伤肢固定。

固定要求：

当患者进行外力或无意识行为运动时，伤肢均不能活动。

3号患者的妈妈难以置信地抢过片子看了又看，转头对儿子说：
"你这孩子！都骨折了也不知道说疼！耽误了怎么办！"
男孩再也忍不住了，哭着说："我说疼了！是你不信的！"

大海皱着眉，心里很着急。"伤肢不能活动……"他嘴里碎碎念着，然后起身在诊室里找来找去，最后找到两块 PVC 软板。大海拿着软板，在 3 号患者胳膊前比划了几下，就开始包扎。

"你是大孩子了，该有自己的判断和主见。"大海一边包扎一边对 3 号患者说。

妈妈在一旁沉默了很久，突然说："儿子，这次是妈妈不对，妈妈应该早一点儿带你来医院，害得你受了这么多苦，让你伤心了。"

将 3 号患者母子送往骨科之后，电脑里传来声音：

"3 号患者满意度 90%。"

"耶！90%！"大海开心地蹦了起来。

这时，贝乐虎院长出现了。

"恭喜你们，完成了'贝乐虎急诊室'的任务。海医生平均满意度为 87.5%，米医生的平均满意度为 85%。大海处理运动伤时结合了自己的经验和方法，善于照顾患者情绪。米妮也意识到了自己粗心的坏处。你们现在的排名非常靠前，继续努力哦！"